BEI GRIN MACHT SICH IHR WISSEN BEZAHLT

- Wir veröffentlichen Ihre Hausarbeit, Bachelor- und Masterarbeit

- Ihr eigenes eBook und Buch - weltweit in allen wichtigen Shops

- Verdienen Sie an jedem Verkauf

Jetzt bei www.GRIN.com hochladen und kostenlos publizieren

Schriftlicher Unterrichtsentwurf. Nachhaltige Mobilitätswende am Beispiel des E-Autos

Johannes Tenbrink

Bibliografische Information der Deutschen Nationalbibliothek:

Die Deutsche Nationalbibliothek verzeichnet diese Publikation in der Deutschen Nationalbibliografie; detaillierte bibliografische Daten sind im Internet über http://dnb.d-nb.de abrufbar.

ISBN: 9783346875075
Dieses Buch ist auch als E-Book erhältlich.

© GRIN Publishing GmbH
Trappentreustraße 1
80339 München

Druck und Bindung: Books on Demand GmbH, Norderstedt Germany
Gedruckt auf säurefreiem Papier aus verantwortungsvollen Quellen

Das vorliegende Werk wurde sorgfältig erarbeitet. Dennoch übernehmen Autoren und Verlag für die Richtigkeit von Angaben, Hinweisen, Links und Ratschlägen sowie eventuelle Druckfehler keine Haftung.

Das Buch bei GRIN: https://www.grin.com/document/1355919

Westfälische Wilhelms-Universität

Seminar: Grundlagen der Unterrichtsplanung, Kurs A

Wintersemester 2022/2023

Prüfungsleistung: Schriftlicher Unterrichtsentwurf

Schriftlicher Unterrichtsentwurf:
Ökologische Herausforderungen und Chancen der nachhaltigen Mobilitätswende in Deutschland – das E-Auto im motorisierten Individualverkehr

Johannes Tenbrink

Bachelor HRSGE Sozialwissenschaften/ Geographie

5. Fachsemester

Inhalt

1. Einleitung

Die Unterrichtsstunde thematisiert die ökologischen Herausforderungen der Mobilitätswende, sowie die ökologischen Chancen und Schwierigkeiten eines Umstiegs auf Elektroautos im motorisierten Individualverkehr. Das Kernanliegen der Unterrichtsstunde ist, dass die Schülerinnen und Schüler die ökologischen Herausforderungen und Chancen der nachhaltigen Mobilitätswende in Deutschland anhand des E-Autos im motorisierten Individualverkehr kennenlernen. Das Thema der Unterrichtsreihe ist die nachhaltige Mobilitätswende in Städten, welche das Inhaltsfeld 9 (Verstädterung und Stadtentwicklung) des Kernlehrplans für die Sekundarstufe I in Nordrhein-Westfalen betrifft. Es handelt sich um die zweite Unterrichtsstunde in dieser Unterrichtsreihe. In der ersten Stunde wurde das Vorwissen und die Erfahrungen der Schülerinnen und Schüler zum Thema abgefragt und es wurde allgemein in das Thema der Mobilitätswende eingeführt. In den auf diese Stunde folgenden Unterrichtsstunden werden dann in Bezug auf das Nachhaltigkeitsviereck noch die ökonomischen, politischen und sozialen Schwierigkeiten einer nachhaltigen Mobilitätswende in Deutschland thematisiert. Dazu wird die Schülerschaft dann jeweils verschiedene Mobilitätsformen und Lösungsansätze für eine nachhaltige Mobilität kennenlernen, wie zum Beispiel multimodale Mobilitätsdienstleistungen oder das Carsharing. Die Lerngruppe ist eine neunte Klasse einer Realschule und leistungstechnisch homogen.

2. Ökologische Herausforderungen und Chancen der nachhaltigen Mobilitätswende in Deutschland - das E-Auto im motorisierten Individualverkehr

1. Fachwissenschaftliche Einordnung

Die nachhaltige Mobilitätswende und das Elektroauto haben unter Bezug auf die nachhaltige Entwicklung in der Fachwissenschaft eine große Bedeutung. Das Thema der Unterrichtsstunde lässt sich in die fachwissenschaftlichen Bereiche der Verkehrs- und Stadtgeographie einordnen. Zudem werden verschiedene Mensch-Umwelt-Beziehungen deutlich. Das Thema ist darüber hinaus mit dem Klimawandel und der Energiewende verknüpft.

<u>2. Die nachhaltige Mobilitätswende in Deutschland</u>

a) Begriffsklärungen

Mobilität wird ausgelöst, wenn ein Mensch seine Bedürfnisse nicht an einen Ort befriedigen kann (vgl. Reuschenbach, 2021). Durch Ortsveränderungen können diese Bedürfnisse befriedigt werden, da an den anderen Orten entsprechende Leistungen und Angebote in Anspruch genommen werden können (vgl. ebd.). Darüber hinaus ist Mobilität die Voraussetzung für eine Teilhabe an der Gesellschaft und der Arbeitswelt (vgl. ebd.). Als Verkehr werden die Mittel bezeichnet, welche zur Umsetzung von Mobilität benötigt werden (vgl. ebd.). Dazu zählen die Verkehrsmittel, die Infrastruktur und die Verkehrsregeln (vgl. ebd.). Demnach stehen die Begriffe Mobilität und Verkehr in einer Beziehung zueinander, können aber nicht als Synonym für dasselbe Phänomen verwendet werden (vgl. Witzke, 2016). Die nachhaltige Mobilitätswende bezieht sich auf grundlegende Transformationen im Verkehrs- und Mobilitätssektor in Deutschland. Die Zielsetzungen einer nachhaltigen Mobilitätswende in Deutschland sind unter anderen der Schutz der Umwelt und der Gesundheit der Menschen, ein möglichst hohes Mobilitätsniveau, eine effiziente Verkehrsgestaltung und die Reduktion heutiger Verkehrsbelastungen (vgl. ebd.). So sollen auch die Mobilitätsansprüche zukünftiger Generationen gewährleistet werden. Ansatzpunkte hierbei sind die Antriebswende und die Energiewende. Die Antriebswende meint die Ersetzung von Verbrennungsmotoren durch vor allem elektrisch betriebene Antriebe (vgl. Gathmann/ Traufetter, 2018). Die Energiewende beschreibt die Ersetzung von fossilen Energieträgern durch erneuerbare Energien im deutschen Strommix (vgl. Bundeszentrale für politische Bildung, 2016).

b) Ökologische Herausforderungen der Mobilitätswende

Im Jahr 2018 betrugen die Kohlenstoffdioxidemissionen in Deutschland zirka 858 Millionen Tonnen (vgl. Umweltbundesamt, 2020). Der Mobilitätssektor hatte daran einen Anteil von zirka 19 Prozent mit rund 164 Millionen Tonnen (vgl. ebd.). Im Mobilitätssektor ist der absolute Wert der Kohlenstoffdioxidemissionen seit 1990 fast unverändert geblieben (vgl. ebd.). Damit die Ziele des Pariser Klimaabkommens eingehalten werden können und der Klimawandel dementsprechend eingedämmt werden kann, wird hier eine große Herausforderung der Mobilitätswende in Deutschland sichtbar (vgl. Brunnengräber / Haas, 2020). Insbesondere der Straßenverkehr und der motorisierte Individualverkehr spielen eine bedeutsame Rolle (vgl. Witzke, 2016). Die hohen urbanen Luftschadstoffemissionen und der Klimawandel erfordern eine Antriebswende hin zu elektrisch betriebenen Fahrzeugen. In diesem Zusammenhang ist die Energiewende sehr zentral (vgl. Zimmer, 2020). Diese Aspekte sind vor allem unter Berücksichtigung des voraussichtlich immer weiter steigenden motorisierten Individualverkehrs sehr bedeutsam. Zudem führt der hohe Kohlenstoffdioxidausstoß des Mobilitätssektors zu einer weiteren Versauerung der Meere (vgl. Große Ophoff, 2021). Das automobilzentrierte Verkehrssystem stößt darüber hinaus beim Ressourcenverbrauch an planetare Grenzen (vgl. Brunnengräber / Haas, 2020). Auch die Ökobilanz von Elektroautos ist in der Fachwissenschaft durchaus umstritten. Vor allem durch die Verkehrsinfrastruktur und die Produktion der Autos werden enorme Mengen an Ressourcen verbraucht und so werden erhebliche Umweltbelastungen und Verbräuche an Land und Wasser provoziert (vgl. ebd.). Eine weitere ökologische Herausforderung der Mobilitätswende ist die Versiegelung von Flächen (vgl. ebd.). Die Flächenversiegelung zerstört den Boden und beeinträchtigt den natürlichen Stoffkreislauf. Zudem ist der Abrieb von Autoreifen, der unter anderen durch das Bremsen entsteht, die größte Quelle von Mikroplastik, welches in die Gewässer gelangen kann und dort ökologische Katastrophen verursachen kann (vgl. Reuschenbach, 2021). Darüber hinaus führen auch andere Stoffe, wie die Fluorchlorkohlenwasserstoffe in den Klimaanlagen der Autos oder Kunststoffe des Fahrzeugs zu enormen Umweltbelastungen (vgl. Große Ophoff, 2021). Insgesamt wird deutlich, dass die ökologischen Herausforderungen der Mobilitätswende eng mit dem motorisierten Individualverkehr verknüpft sind.

<u>3. Ökologische Herausforderungen und Chancen des E-Autos im motorisierten Individualverkehr in Deutschland</u>

a) Die Herstellung der E-Autos

Einer der größten ökologischen Herausforderungen des Umstiegs auf elektrisch betriebene Fahrzeuge in Deutschland ist deren Herstellungsphase (vgl. Konrad, 2020). Die Herstellung eines Elektrofahrzeugs und dessen Batterie verursacht bis zu 60 Prozent mehr Treibhausgasemissionen als die Herstellung eines Fahrzeugs mit Verbrennungsmotor (vgl. ebd.). Darüber hinaus spielt auch der Verbrauch von Ressourcen bei der Fahrzeugherstellung eine existenzielle Rolle. In den Elektromotoren, den Traktionsbatterien und der Leistungselektronik eines E-Autos befinden sich wertvolle Bodenschätze wie Kupfer, Nickel, Kobalt, Mangan, Grafit und seltene Erden (vgl. ebd.). Die Rohstoffförderung, die vor allem in Ländern des globalen Südens (besonders in Südamerika) durch den Bergbau vollzogen wird, geht mit verheerenden ökologischen Auswirkungen einher (vgl. Prause / Dietz, 2020). Zentrale Probleme sind hierbei die Wasserverschmutzung, die Absenkung des Grundwasserspiegels, die Wasserverknappung und die Veränderungen des Zugangs zu Wasser zugunsten des Bergbausektors (vgl. ebd.). Eng damit verbunden ist auch das Austrocknen und die Verschlammung von Flüssen und Lagunen und die damit verknüpfte Dezimierung von Fischbeständen (vgl. Kalt, 2020). Zudem kommt es durch die Infrastrukturmaßnahmen und die Tagebaugruben des Bergbausektors zu irreversiblen Eingriffen in natürliche Ökosysteme und Landschaften (vgl. Prause / Dietz, 2020). Bei anderen Formen der Elektromobilität (z.B. E-Roller) kommt es zu ähnlichen Produktionsbedingungen.

b) Die Nutzung der E-Autos

Elektrisch betriebene Fahrzeuge besitzen das Potenzial durch ihre Nutzung Emissionen im motorisierten Individualverkehr zu senken und damit können sie zur Erreichung der Pariser Klimaziele beitragen. Unter Berücksichtigung des aktuellen deutschen Strommix können die Kohlenstoffdioxidemissionen eines Elektroautos von der Herstellung bis zur Entsorgung um 16 bis 27 Prozent geringer sein als bei einem Verbrennerfahrzeug (vgl. Zimmer, 2020). Dennoch werden durch den Stromverbrauch von E-Autos Kohlenstoffdioxidemissionen, Umweltschäden und Umweltrisiken hervorgerufen, da der Strom in Deutschland noch zu großen Teilen aus nicht erneuerbaren Energiequellen bezogen wird (vgl. Kalt, 2020). Somit ist auch die Nutzung des E-Autos beim derzeitigen deutschen Strommix nicht emissionsfrei. Die durch die Herstellung hervorgerufenen höheren Treibhausgasemissionen eines E-Autos werden in der Nutzungsphase im Vergleich zu Fahrzeugen mit Verbrennungsmotoren ausgeglichen (vgl. Konrad, 2020). Wenn ein Elektroauto 70.000 Kilometer gefahren ist, gleicht es die höheren Treibhausgasemissionen der Herstellungsphase in Relation zu einem mit Benzin angetriebenen Fahrzeug aus (vgl. ebd.). Verglichen mit einem Auto mit Dieselantrieb sind es 100.000 gefahrene Kilometer (vgl. ebd.). Es wird erwartet, dass regenerative Energieträger in Zukunft einen höheren Anteil an der deutschen Stromerzeugung haben werden und so wird sich auch die Treibhausgasbilanz von elektrisch betriebenen Autos weiter verbessern (vgl. ebd.). Des Weiteren verursachen E-Autos weniger Geräusch- und

Feinstaubemissionen als Autos mit Verbrennungsmotoren (vgl. Witzke, 2016). So wird der Abrieb der Bremse beziehungsweise die Freisetzung von Feinstaub durch die Bremsrekuperation reduziert (vgl. ebd.). Es wird geschätzt, dass bei einer Anzahl von einer Million Elektroautos über 30 Tonnen Feinstaub pro Jahr gespart werden können, was zu einer deutlichen Verbesserung der Luftqualität führen würde. Die Nutzung von E-Autos in Deutschland setzt aber weiterhin den Fokus auf den motorisierten Individualverkehr. Der aktuelle motorisierte Individualverkehr und dessen zukünftig erwartete Zunahme verursachen einen hohen Ressourcen- und Flächenverbrauch für die Verkehrsinfrastruktur (vgl. Kalt, 2020). Im Vergleich zu anderen Verkehrsmitteln braucht auch das Elektroauto viel Fläche, wodurch wiederum Fläche für andere Fortbewegungsmittel (z. B. Radfahren) verloren geht (vgl. Zimmer, 2020). Durch die Flächenversiegelung geht fruchtbarer Boden verloren, der unter anderem auch Kohlenstoffdioxid speichern kann, das Grundwasservorkommen kann sinken und das Hochwasserrisiko steigt, da das Wasser schlechter absickern kann. Auch eine Kopplung von E-Autos mit der Energiewende ist möglich (vgl. ebd.). Batteriebetriebene Autos können als Zwischenspeicher genutzt werden, um in Zeiten der hohen Energieproduktion den überschüssigen Strom aus regenerativen Energieträgern aufzunehmen und bei Bedarf auch wieder abzugeben (vgl. ebd.). Wenn das E-Auto voll in das Stromsystem integriert ist, könnten schon eine Million Elektrofahrzeuge für einige Stunden so viel Strom liefern wie fünf große Kraftwerke (vgl. Podewils, 2021). Hier besteht ein gewaltiges Potenzial. E-Autos können so die Netzstabilität verbessern und kostenintensive Netzausbaumaßnahmen reduzieren (vgl. Witzke, 2016). Allerdings besteht hier die Gefahr für den Energiesektor, dass dieser sehr abhängig von den elektrisch betriebenen Fahrzeugen ist und damit auch vom motorisierten Individualverkehr (vgl. Zimmer, 2020).

c) Das Recycling der E-Autos

Die Batterien der E-Autos können noch vor dem Recycling weiterverwendet werden, da sie weiterhin Strom laden und entladen können, auch wenn das Fahrgestell und die Karosserie des E-Autos nicht mehr brauchbar sind (vgl. Konrad, 2020). In Deutschland werden bereits heute Second-Life-Batterien aus alten E-Autos in Batteriespeicherkraftwerken eingesetzt (vgl. Podewils, 2021). Darüber hinaus können die Batteriezellen in neuen Lithium-Ionen-Akkus oder in anderen Bereichen wiederverwendet werden (vgl. Konrad, 2020). Es gibt zwar noch keine wirklich etablierten Recyclingverfahren für die Batterien von Elektroautos, aber dennoch bestehen in Deutschland bereits Anlagen, die das Recycling der Batterien möglich machen (vgl. ebd.).

- **Gegenwartsbedeutung**

Die Mobilität spielt in unserem heutigen Leben eine existenzielle Rolle, denn sie ist sowohl Voraussetzung für die Teilhabe an der Gesellschaft, sowie der Arbeitswelt (vgl. Canzler / Knie, 2021) Im Mobilitätssektor werden heutzutage riesige Mengen an Treibhausgasen ausgestoßen, die den anthropogenen Klimawandel befördern. Dazu kommt die überlastete Infrastruktur in Deutschland, die sich heute in Form von überfüllten Straßen, Staus und enormen Lärmbelästigungen zeigt. Der heutzutage sehr ausgeprägte motorisierte Individualverkehr ist nur ein Grund dafür. Es wird deutlich, dass sich der Mobilitätssektor in Deutschland einer Transformation unterziehen muss, bei der in Bezug auf das Pariser Klimaabkommen vor allem die ökologischen Herausforderungen angegangen werden sollten. Wie die Mobilitätswende genau gestaltet werden soll, wird heute in den verschiedensten Diskursen behandelt. Ein Ansatzpunkt dabei sind die Elektroautos, deren Verkaufszahlen in Deutschland auch in der Gegenwart schon ansteigen. Dabei dürfen aber die ökologischen Herausforderungen und Chancen der E- Autos, vor allem im Rückblick auf den Klimawandel, nicht vernachlässigt werden.

- **Zukunftsbedeutung**:

Durch den voranschreitenden Klimawandel und das Pariser Klimaabkommen muss sichergestellt werden, dass die Lebensgrundlagen von zukünftigen Generationen gesichert werden. In diesem Zusammenhang muss auch Mobilität insofern nachhaltig gestaltet werden, dass die Treibhausgasemissionen reduziert und der Ressourcenverbrauch und die Flächenversiegelung durch die Verkehrsinfrastruktur begrenzt werden. Die Bewältigung der ökologischen Herausforderungen der Mobilitätswende und des Umstiegs auf Elektroautos im motorisierten Individualverkehr wird dementsprechend in Zukunft von existenzieller Bedeutung sein. Gerade vor dem Hintergrund, dass die Anzahl der E-Autos auf den deutschen Straßen in Zukunft weiter steigen wird, liegen hier auch einige Potenziale, die zukünftig dazu beitragen können, die ökologischen Herausforderungen der Mobilitätswende zu meistern (vgl. Baasch,

2020). Aber auch der zukünftig erwartete Umstieg auf E-Autos im motorisierten Individualverkehr ist mit einigen Schwierigkeiten verbunden.

- **Struktur des Inhalts:**

Die Herausforderungen der nachhaltigen Mobilitätswende in Deutschland lassen sich in Bezug auf das Nachhaltigkeitsviereck in die Dimensionen Ökonomie, Ökologie, Politik und Soziales gliedern. Eine politische Herausforderung ist beispielsweise die unzureichende Infrastruktur in ländlichen Gebieten (vgl. Reuschenbach , 2021). Dazu kommen beispielsweise auf der sozialen Seite die von den Menschen wahrgenommene enorme Lärmbelästigung durch den motorisierten Individualverkehr und in der ökonomischen Dimension die deutsche Automobilindustrie, die trotz der Mobilitätswende ihre Wettbewerbsfähigkeit erhalten muss (vgl. Zimmer, 2020). Vor dem Hintergrund der elementaren Gegenwarts- und Zukunftsbedeutung der ökologischen Herausforderungen wird der Fokus auf eben diese gesetzt. Durch das Produktleben eines E-Autos werden die ökologischen Herausforderungen und Potenziale des Elektroautos für eine nachhaltige Mobilitätswende dargestellt. Dabei wird der Blick auch von der nationalen Ebene (Deutschland) auf die globale Maßstabsebene der Produktion gerichtet.

- **Exemplarische Bedeutung:**

Die Merkmale der Mobilitätswende sind in Bezug auf die Ökologie der Ausstoß von Treibhausgasen, die Antriebswende und die Energiewende. Dazu kommt der Verbrauch von Ressourcen und die Versiegelung von Flächen, die vor allem durch den motorisierten Individualverkehr und dessen Infrastruktur bedingt werden. Diese Merkmale lassen sich auch in dem Beispiel der ökologischen Herausforderungen und Chancen der E-Autos in Deutschland wiederfinden. So kann der Umstieg auf E-Autos und deren Vollintegration in das Stromsystem beispielsweise die Energiewende vorantreiben (vgl. ebd.). Doch die generellen Probleme des motorisierten Individualverkehrs bleiben auch bei einer weiteren Förderung von elektrisch betriebenen Fahrzeugen bestehen. So legitimiert sich die Wahl dieses Beispiels dadurch, dass sich die allgemeinen ökologischen Herausforderungen einer nachhaltigen Mobilität wiederfinden lassen. Auch andere Arten der E-Mobilität (z. B. E-Roller) könnten hier als Beispiele gewählt werden. Dadurch dass der Umstieg auf E-Autos in Deutschland durch die Bundesregierung gefördert wird und Deutschland im internationalen Vergleich im Bereich der Elektroautos schon fortgeschritten ist, legitimiert sich wiederum die Wahl dieses Raumbeispiels (vgl. Baasch, 2020).

- **Zugänglichkeit:**

Durch die steigende Anzahl von E-Autos auf den deutschen Straßen und der enormen Präsenz von Diskussionen über E-Autos in den Medien und sozialen Netzwerken ist die nachhaltige Mobilitätswende und der Umstieg auf elektrisch betriebene Fahrzeuge präsent. Das Thema wird den Schülern und Schülerinnen dadurch zugänglich, dass sie selbst in den letzten Jahren gewisse Veränderungen im Mobilitätssektor wahrgenommen haben (z.B. Zulassung von E-Rollern, Anstieg der Anzahl von E-Autos) und sie auch ihr eigenes Mobilitätsverhalten kennen.

- **Gesellschaftsrelevanz:**

Die nachhaltige Mobilitätswende ist eine gesellschaftliche Herausforderung. Aus gesellschaftlicher Sicht kann eine nachhaltige Mobilitätswende mithilfe des Themas der Unterrichtsstunde weiter vorangetrieben werden. Die Gesellschaft kann so mediale Veröffentlichungen bezüglich der Ökobilanz von Elektroautos kritisch beurteilen und hinterfragen und durch das Thema kann in der Gesellschaft in Bezug auf das Mobilitätsverhalten ein gewisses Verantwortungsgefühl gegenüber der Gestaltung einer ökologisch nachhaltigen Mobilitätswende entstehen. Durch den Bezug auf die Sicherung der Existenzgrundlagen für zukünftige Generationen werden durch das Thema auch Emotionen in der Gesellschaft angesprochen und es wird deutlich, dass zur Bewertung der ökologischen Nachhaltigkeit von bestimmten Mobilitätsformen immer das gesamte Produktleben in Betracht gezogen werden muss.

- **Fachrelevanz:**

Der Umstieg auf E-Autos betrifft die bedeutsamen fachwissenschaftlichen Themen der ökologischen Nachhaltigkeit und der Mobilität. Die Anzahl der Publikationen zu diesen Themen verdeutlicht deren fachliche Relevanz. Gerade im Bereich der nachhaltigen Entwicklung hat die Fachwissenschaft der Geographie einen besonderen Stellenwert. Ein interdisziplinäres Vorgehen ist vor allem mit der Landschaftsökologie und Biologie notwendig, wenn sich mit den Folgen des Produktlebens der E-Auto auf die Umwelt beschäftigt wird.

- **Schülerrelevanz:**

Die Schüler und Schülerinnen haben durch öffentliche Diskurse Vorwissen zum Thema Mobilitätswende und E-Autos erlangt und wissen dadurch auch, dass die ökologische Dimension hierbei eine besondere Rolle spielt. Gegebenenfalls haben sie schon Erfahrungen mit E-Autos, zum Beispiel wenn ihre Familie ein Elektroauto besitzt, und anderen Formen der Elektromobilität gesammelt. Vor dem Hintergrund der nachhaltigen Entwicklung und der Sicherung der Existenzgrundlagen für zukünftige Generationen, haben die Lernenden eine hohe Lernmotivation, da es dabei auch um ihre persönliche Zukunft geht. In diesem Zusammenhang werden auch Emotionen auf Seiten der Lernenden angesprochen. Durch das alltägliche Nutzen von bestimmten Mobilitätsformen auf Seiten der Schülerschaft wird die Schülerrelevanz nochmal verstärkt. Die Schülerschaft soll durch das Thema der Unterrichtsstunde für die ökologischen Herausforderungen einer Mobilitätswende sensibilisiert werden, indem sie sich mit den E-Autos im motorisierten Individualverkehr beschäftigen. So können sie auch eigene Handlungsfolgen für ihr zukünftiges Leben konstituieren.

4. Unterrichtsverlaufsplan

NAME: Johannes Tenbrink LERNGRUPPE: 9a	DATUM: 17.3.23 ZEIT: 10.35 - 11.35	FACHLEHRER/in: Frau Merkel	STUNDENTHEMA: Ökologische Chancen und Herausforderungen der Mobilitätswende in Deutschland – das E-Auto im motorisierten Individualverkehr

HAUSAUFGABE ZUR STUNDE: KEINE

STUNDENZIEL: die SuS sollen die ökologischen Herausforderungen und Chancen der nachhaltigen Mobilitätswende in Deutschland anhand des E-Autos kennenlernen

PHASEN	INHALTLICHE SCHWERPUNKTE / OPERATIONEN	SOZIAL-/AKTIONSFORMEN	MEDIEN	ANMERKUNGEN ZUM LERNPROZESS
Einstieg	L. begrüßt SuS			
	L. zeigt den SuS gleichzeitig die Abb. 1, 2 und 3 und bittet die SuS die Abbildungen zu beschreiben und fragt nach Zusammenhängen zwischen den Abbildungen.	Plenumsgespräch	PPP mit Abb. 1, 2, 3	Abb. 1 verknüpft Thema mit Lebenswirklichkeit der SuS und steigert so Motivation. Abb. 1, 2 und 3 aktivieren das Vorwissen der SuS.
	L. zeigt den SuS gleichzeitig die Abb. 4 und 5 und bitte die SuS wiederum die Abbildungen zu beschreiben und ihr Vorwissen dazu preiszugeben.	Plenumsgespräch	PPP mit Abb. 4, 5	Abb. 4 und 5 zielen auf die ökologischen Probleme von E-Autos ab. L. sollte hier aber auch auf die Potenziale eines E-Autos aufmerksam machen.
	L. formuliert in Zusammenarbeit mit den SuS die zentrale Problemstellung der Stunde und hält diese an der Tafel fest.	Plenumsgespräch		
	Im Unterrichtsgespräch werden verschiedene Hypothesen zu den (ökologischen) Herausforderungen und Chancen von E-Autos genannt. Diese werden von L. an der Tafel festgehalten.	Plenumsgespräch		
Erarbeitung	L. erörtert den Ablauf der Unterrichtsstunde			Die EA fördert die Sachkompetenz der SuS und durch die Recherche im Internet wird die Medienkompetenz bzw. Methodenkompetenz der SuS gefördert.
	L. teilt Klasse in drei Gruppen ein. Jede Gruppe erhält ein Arbeitsblatt mit Arbeitsauftrag (AB 1 s. Anhang)			
	Die SuS recherchieren zu ihrem Arbeitsauftrag selbstständig im Internet	Einzelarbeit (EA)	Smartphone, Tablet	
	Die SuS besprechen ihre Ergebnisse aus der EA in der Gruppe und halten die wichtigsten Ergebnisse stichwortartig auf einem Plakat fest.	Gruppenarbeit (GA)	Plakat	Durch die GA werden die sozialen und kommunikativen Kompetenzen der SuS gefördert.
Sicherung	Ein SoS jeder Gruppe stellt die Ergebnisse seiner Gruppe kurz vor und erläutert diese (Lösungsbild 1 s. Anhang). L. ergänzt und verbessert ggf. SuS können Rückfragen stellen.	Präsentation, Plenumsgespräch	Plakat	Der Lehrer muss hier offen sein für neue Ergebnisse der SuS.

Transfer	Die (ggf. ergänzten und verbesserten) Plakate werden an die Tafel gehangen. Die SuS ergänzen ihre eigenen Gruppenergebnisse mit den Ergebnissen der anderen Gruppen in ihrem Heft.	Einzelarbeit		Je nach Verlauf der Stunde wäre hier bereits ein Ausstieg möglich
	L. gibt Schülern Arbeitsblatt mit Text und Arbeitsaufträgen (AB 2 s. Anhang)			
	SuS lesen den Text und machen sich Notizen zu den Arbeitsaufträgen.	Einzelarbeit		
	Die Ergebnisse von a) werden mündlich besprochen und L. hält die Ergebnisse des Arbeitsauftrags b) an der Tafel fest und ergänzt ggf. (Lösungsbild 2 s. Anhang). SuS ergänzen ihre Tabelle parallel dazu.	Plenumsgespräch		
	SuS reflektieren ihren Lernprozess und die Vorgehensweise in der Unterrichtsstunde. Sie können Kommentare zu den Ergebnissen verfassen und noch offene Fragen stellen.	Plenumsgespräch		

HAUSAUFGABE ZUR NÄCHSTEN STUNDE: Keine

5. Abschlussbetrachtung

Bezüglich des Inhalts der Unterrichtsstunde hat mich überrascht, dass E-Autos auch einen wichtigen Beitrag zur Energiewende leisten können, indem sie als Zwischenspeicher fungieren. So kann das E-Auto auch zur Erreichung der Ziele des Pariser Klimaabkommens beitragen. Zudem haben mich die Rolle und die Auswirkungen des motorisieren Individualverkehrs überrascht. Im Sinne einer nachhaltigen Mobilitätswende wäre es wünschenswert, wenn der motorisierte Individualverkehr und vor allem die Anzahl der Autos auf deutschen Straßen reduziert wird. Dennoch wird weiterhin auf das E-Auto gesetzt und der motorisierte Individualverkehr wird in Zukunft weiter ansteigen. Im Sinne des Nachhaltigkeitsviereck ist es unumgänglich auch die politischen, ökonomischen und sozialen Herausforderungen und Chancen der Mobilitätswende in der Unterrichtsreihe genauer zu beleuchten. Dabei sollte sich die Schülerschaft noch intensiver mit der Rolle und der Bedeutung des motorisierten Individualverkehrs in der Mobilitätswende auseinandersetzen. Darüber hinaus scheint eine genauere Betrachtung der Herstellungsbedingungen von Elektroautos in Ländern des globalen Südens sinnvoll zu sein. Es hat sich als schwierig erwiesen den Unterrichtsgegenstand für die Lernenden so zu strukturieren, dass die Struktur für sie nachvollziehbar und sinnvoll ist. Durch den Bezug auf das Produktleben (Herstellung, Nutzung und Recycling) eines E-Autos wurde der Gegenstand sinnvoll strukturiert. Die Unterrichtsstunde könnte bei Beibehaltung des Inhalts für die Lernenden anspruchsvoller gestaltet werden, indem in der Erarbeitungsphase auf das Erstellen eines Plakats mit Stichworten verzichtet wird. Stattdessen könnten die Schüler und Schülerinnen ihre Ergebnisse in einem Fließtext ausformulieren. Dadurch müssten sich die Lernenden noch intensiver mit dem Gegenstand auseinandersetzen und ihre Ergebnisse klar und zusammenhängend formulieren. Selbiges gilt für den Arbeitsauftrag auf Arbeitsblatt 2. Für die Lehrkraft könnte die Unterrichtsstunde anspruchsvoller werden, indem sie einen schülerzentrierten Unterricht vollzieht. Das heißt zum Beispiel, dass die Lernenden im Anschluss an die Einstiegsphase die Vorgehensweise für die Problembearbeitung vorschlagen und die Lehrperson den weiteren Unterrichtsverlauf daran orientiert.

Für mich persönlich gestaltete sich die Ausarbeitung des schriftlichen Unterrichtsentwurf als schwierig. Anfangs wollte ich eigentlich als Unterrichtsbeispiel das Carsharing wählen. Nach der Literaturrecherche und -sichtung dazu wurde mir deutlich, dass ich keine wirklich passende fachwissenschaftliche Literatur zum Carsharing finden konnte. Wahrscheinlich auch weil es sich um ein relativ neues Phänomen handelt, das gesellschaftlich noch nicht so relevant ist. Die Literaturrecherche und -sichtung zu der Mobilitätswende und den E-Autos in Deutschland war für den Entwurf einer Unterrichtsstunde zu umfangreich. Ich habe Informationen gesammelt, mit denen ich eine ganze Unterrichtsreihe zu den Themen füllen könnte. Grundsätzlich ist es als Lehrkraft nicht schlecht, wenn viele Informationen zu einem Thema vorhanden sind, aber ich hätte mich hier schon vor der Literatursichtung auf einen bestimmten Aspekt des Themas fokussieren sollen. Nachdem ich mich dann nach der Literaturrecherche auf einen Themenbereich des Oberthemas festgelegt habe, habe ich das Kernanliegen der Stunde entworfen. Darauf basierend habe ich dann die Sachanalyse und die didaktische Analyse formuliert. Diese Punkte sind mir relativ leicht gefallen, wahrscheinlich auch wegen der vorausgegangen intensiven Literaturrecherche. Lediglich bei der fachwissenschaftlichen Einordnung des Themas hatte ich Probleme. Beim Unterrichtsverlaufsplan ist mir besonders schwer gefallen einen passenden problematisierenden Einstieg zu konstruieren und einen geeigneten Text für die Transferaufgabe zu finden. Ich denke, dass mir diese Aspekte (wie auch alle anderen

Aspekte des Unterrichtsentwurf) mit fortschreitender Erfahrung in der Unterrichtsplanung immer leichter fallen werden. Erst nach der Fertigstellung des Unterrichtsverlaufsplan habe ich die Einleitung formuliert, um den Kontext der Unterrichtsstunde möglichst genau beschreiben zu können. Bei der schriftlichen Umsetzung der Planung kamen keine größeren Probleme auf. Insgesamt hat es nach einigen Anlaufschwierigkeiten sogar Spaß gemacht die erste richtige Unterrichtsstunde zu entwerfen.

-Literaturverzeichnis

-Baasch, Stefanie (2020): E-Mobilität als Baustein einer ländlichen Mobilitätswende. Kommunale E-Mobilitäts- und Carsharing-Strategien. In: Brunnengräber, Achim / Haas, Tobias (Hrsg.): Baustelle Elektromobilität. Sozialwissenschaftliche Perspektiven auf die Transformation der (Auto-) Mobilität. Bielefeld. S. 211-229.

-Brunnengräber, Achim / Haas, Tobias (2020): Der Verkehr in der Transformation. Das Auto von heute und die Mobilität von morgen – ein einleitender Beitrag. In: Brunnengräber, Achim / Haas, Tobias (Hrsg.): Baustelle Elektromobilität. Sozialwissenschaftliche Perspektiven auf die Transformation der (Auto-) Mobilität. Bielefeld. S. 13-37.

-Bundeszentrale für politische Bildung (2016): Energiewende. Online unter: https://www.bpb.de/kurz-knapp/lexika/lexikon-der-wirtschaft/159947/energiewende/ (abgerufen am 1.3.2023)

-Canzler, Weert / Knie, Andreas (2021): Auslaufmodell Privatauto – von der Notwendigkeit, mentale Pfadabhängigkeiten zu überwinden. In: Flore, Manfred / Kröcher, Uwe / Czycholl, Claudia (Hrsg.): Unterwegs zur neuen Mobilität. Perspektiven für Verkehr, Umwelt und Arbeit. München. S. 53-75.

-Gathmann, Florian / Traufetter, Gerald (2018): „Verbote sind für mich kein Politikstil". Verkehrsminister Scheuer im Interview. Online unter: www.spiegel.de/politik/deutschland/andreas-scheuercsu-verbote-sind-fuer-mich-kein-politikstil-a-1204886.html (abgerufen am 1.3.2023)

-Große Ophoff, Markus (2021): Herausforderung Klimaschutz: Warum wir keine Zeit mehr haben. In: Flore, Manfred / Kröcher, Uwe / Czycholl, Claudia (Hrsg.): Unterwegs zur neuen Mobilität. Perspektiven für Verkehr, Umwelt und Arbeit. München. S. 19-33.

-Kalt, Tobias (2020): E-Mobilität auf Kosten anderer? Zur Externalisierung sozial-ökologischer Kosten entlang globaler Wertschöpfungsketten. In: Brunnengräber, Achim / Haas, Tobias (Hrsg.): Baustelle Elektromobilität. Sozialwissenschaftliche Perspektiven auf die Transformation der (Auto-) Mobilität. Bielefeld. S. 307-329.

-Konrad, Timo Peter (2020): Die Ökobilanz von Elektroautos. Sind Elektroautos wirklich umweltfreundlicher als Verbrenner? Hamburg.

-Podewils, Christoph (2021): Deutschland unter Strom. Unsere Antwort auf die Klimakrise. München.

-Prause, Louisa / Dietz, Kristina (2020): Die sozial-ökologischen Folgen der E-Mobilität. Konflikte um den Rohstoffabbau im Globalen Süden. In: Brunnengräber, Achim / Haas, Tobias (Hrsg.): Baustelle Elektromobilität. Sozialwissenschaftliche Perspektiven auf die Transformation der (Auto-) Mobilität. Bielefeld. S. 329-355.

-Reuschenbach, Monika (2021): Mobilität. Herausforderungen und Lösungsansätze. In: Geographie heute, H. 355, S. 2-10.

-Umweltbundesamt (2020): Klimaschutzbericht 2020. Wien.

-Witzke, Sarah (2016): Carsharing und die Gesellschaft von Morgen. Ein umweltbewusster Umgang mit Automobilität. Wiesbaden.

-Zimmer, Fabian (2020): Nur das Richtige im Falschen? Mobilität zwischen Innovation und automobiler Pfadabhängigkeit. In: Brunnengräber, Achim / Haas, Tobias (Hrsg.): Baustelle Elektromobilität. Sozialwissenschaftliche Perspektiven auf die Transformation der (Auto-) Mobilität. Bielefeld. S. 117-139.

-Anhang
Anhang 1: Abbildungen zum Unterrichtseinstieg

- Anhang 1.1: Abbildung 1 (Quelle: Bundesministerium für Umwelt, Naturschutz, nukleare Sicherheit und Verbraucherschutz, 2022. Online unter: https://www.bmuv.de/themen/luft-laerm-mobilitaet/verkehr/elektromobilitaet/klima-und-energie (abgerufen am 2.3.23))

Diese Abbildung wurde aus urheberrechtlichen Gründen entfernt.

- Anhang 1.2: Abbildung 2 (Quelle: Deutsche Presseagentur, o. J. Online unter: https://www.sueddeutsche.de/wissen/verkehr-wer-klimaschutz-ernst-nimmt-muss-autos-abruesten-1.2744889 (abgerufen am 2.3.23))

Diese Abbildung wurde aus urheberrechtlichen Gründen entfernt.

- Anhang 1.3: Abbildung 3 (Quelle: TheWest, o.J. Online unter: https://www.infosperber.ch/umwelt/rohstoffe/lithium-fuer-batterien-die-achillesferse-der-elektroautos/ (abgerufen am 2.3.23) Schriftzug selsbtständig eingefügt)

Diese Abbildung wurde aus urheberrechtlichen Gründen entfernt.

- Anhang 1.4: Abbildung 4 (Quelle: Schwarwel, o.J. Online unter: http://schwarwel-karikatur.com/ngg_tag/elektroauto/ (abgerufen am 2.3.23))

Diese Abbildung wurde aus urheberrechtlichen Gründen entfernt.

- Anhang 1.5: Abbildung 5 (Quelle: Schwarwel, o.J. Online unter: http://schwarwel-karikatur.com/ngg_tag/elektroauto/ (abgerufen am 2.3.23))

Diese Abbildung wurde aus urheberrechtlichen Gründen entfernt.

Anhang 2: Arbeitsblätter mit möglichen Lösungsbildern

- Anhang 2.1: Arbeitsblatt 1 und Lösungsbild 1

<u>Arbeitsblatt 1</u>

Gruppe 1:

a) Recherchiert in Einzelarbeit im Internet zu folgender Fragestellung: Welche ökologischen Herausforderungen ergeben sich bei der Produktion von Elektroautos? Ihr könnt das Elektroauto dabei auch mit einem Verbrennerfahrzeug vergleichen. Macht euch Notizen.

b) Besprecht euch in eurer Gruppe und fasst die zentralen Ergebnisse stichwortartig auf einem Plakat zusammen. Unterscheidet dabei zwischen den ökologischen Herausforderungen (-) und Chancen (+).

Gruppe 2:

a) Recherchiert in Einzelarbeit im Internet zu folgender Fragestellung: Welche ökologischen Herausforderungen und Chancen ergeben sich bei der Nutzung von Elektroautos in Deutschland? Ihr könnt das Elektroauto dabei auch mit einem Verbrennerfahrzeug vergleichen. Macht euch Notizen.

b) Besprecht euch in eurer Gruppe und fasst die zentralen Ergebnisse stichwortartig auf einem Plakat zusammen. Unterscheidet dabei zwischen den ökologischen Herausforderungen (-) und Chancen (+).

Gruppe 3:

a) Recherchiert in Einzelarbeit im Internet zu folgenden Fragestellungen: Welche ökologischen Herausforderungen und Chancen ergeben sich beim Recycling von Elektroautos in Deutschland? Welche Herausforderungen und Chancen hat das Elektroauto in der deutschen Energiewende? Macht euch Notizen.

b) Besprecht euch in eurer Gruppe und fasst die zentralen Ergebnisse stichwortartig auf einem Plakat zusammen. Unterscheidet dabei zwischen den ökologischen Herausforderungen (-) und Chancen (+).

<u>Lösungsbild 1</u>

Gruppe 1:

Ökologische Herausforderungen in der Produktion von E-Autos

-bis zu 60 % mehr Treibhausgasemissionen als bei Verbrennerfahrzeug

-hoher Ressourcenverbrauch

-Rohstoffförderung im globalen Süden problematisch → Absenkung Grundwasserspiegel, Wasserverbrauch, -verknappung, -verschmutzung, irreversible Eingriffe in Ökosysteme

Gruppe 2:

Ökologische Herausforderungen und Chancen bei der Nutzung von E-Autos

+Reduktion THG-Emissionen möglich

-THG-Emissionen abhängig vom deutschen Strommix

+weniger Geräusch- und Feinstaubemissionen als bei Verbrennerfahrzeug

-Ressourcenverbrauch und Flächenversiegelung durch Verkehrsinfrastruktur

Gruppe 3:

Ökologische Herausforderungen und Chancen beim Recycling von E-Autos

+Weiterverwendung der Batterien von E-Autos möglich

-noch keine etablierten Recyclingverfahren von E-Autos in Deutschland

Ökologische Herausforderungen und Chancen des E-Autos in der deutschen Energiewende

+ E-Autos können als Zwischenspeicher fungieren → Verbesserung Netzstabilität

-Abhängigkeit des Energiesektors von E-Autos möglich

- Anhang 2.2: Arbeitsblatt 2 und Lösungsbild 2

<u>Arbeitsblatt 2</u>

E-Roller, E-Scooter & Co: Wie nachhaltig sind die neuen Transportmittel?

Elektromobilität gilt als einer der wichtigen Bausteine für die Zukunftsfähigkeit des Verkehrs. Neue und bewährte Konzepte rund um die emissionsfreie Fortbewegung sollen dabei helfen, den CO2-Ausstoß zu verringern und somit den Klimawandel und die Erderwärmung zu verlangsamen. Neben E-Autos und elektronisch angetriebenen Bussen sind vor allem kleinere Transportmittel auf zwei Rädern für den Individualverkehr gerade auf dem Vormarsch.

E-Roller, E-Scooter oder E-Bikes sind zum Leihen oder zum Kauf eine spannende Option für alle, die sich umweltfreundlich fortbewegen möchten. Doch neben dem Umweltschutz und der Emissionsfreiheit spielt auch das Thema Nachhaltigkeit eine immer wichtigere Rolle bei der Wahl des richtigen Verkehrsmittels. Hier lohnt sich ein genauerer Blick, um festzustellen, ob und wie nachhaltig die E-Fahrzeuge tatsächlich sind und welche Herausforderungen mit den neuen Technologien einhergehen (…).

Bei den zahlreichen neuen Fahrzeugen und Transportmitteln kann es leicht zu Verwechslungen kommen. Als Elektroroller wurden ursprünglich normale Motorroller bezeichnet, die mit einem Elektromotor statt mit einem Verbrennungsmotor ausgestattet sind. Gleichzeitig wird der Begriff jedoch auch als Synonym für die geläufigeren E-Scooter benutzt, die seit Juni 2019 in Deutschland zugelassen sind. Das sind klassische Tretroller, die durch einen Akku Extrapower bekommen und somit höhere Geschwindigkeiten erreichen. Ein Führerschein ist für E-Scooter anders als beim Elektromotorroller nicht nötig. Um Verwirrungen zu vermeiden, werden wir die Tretroller nur als E-Scooter bezeichnen (…).

Schadstoffbilanz von E-Scootern

E-Scooter haben im Vergleich zu benzinbetriebenen Transportmitteln den Vorteil, dass sie quasi emissionsfrei betrieben werden. Beim Fahren mit dem E-Scooter werden keinerlei Schadstoffe wie Kohlendioxid, Stickoxid, Kohlenmonoxid oder Feinstaub freigesetzt. Dadurch ist der E-Scooter besonders umweltfreundlich im Betrieb. Wenn er dann noch mit Ökostrom aus erneuerbaren Energien aufgeladen wird, verbessert sich auch gesamte Nachhaltigkeitsbilanz. In diesem Fall ist der gesamte Betrieb tatsächlich emissionsfrei.

Andernfalls muss bei der Berechnung der Anteil an CO2 miteinbezogen werden, der beispielsweise durch Strom von Kohlenkraftwerken entsteht. Unabhängig vom Strommix verbrauchen die E-Scooter nur wenig Energie: Für 100 Kilometer brauchen die Tretroller lediglich eine Kilowattstunde Strom – ein durchschnittliches Elektroauto kommt mit der gleichen Menge etwa sechs Kilometer weit. Im Schnitt reicht eine Akkuladung beim E-Scooter für maximal 30 Kilometer.

Problem bei der Nachhaltigkeit

Trotz der geringen Menge an Schadstoffen, die die Nutzung eines E-Scooters mit sich bringt, sind die Scooter hinsichtlich ihrer Nachhaltigkeit umstritten. Dafür gibt es mehrere Gründe: Einerseits werden in den E-Scootern wie in den meisten E-Fahrzeugen Lithium-Ionen-Akkus verbaut. Bei Lithium handelt es sich jedoch um eine fossile Ressource, deren Abbau oftmals mit der Zerstörung von Natur- und Lebensräumen zusammenhängt. Auch die Entsorgung der Akkus ist zuweilen problematisch, da sie leicht entzündlich sind. Bei Herstellung und Entsorgung des Akkus entstehen bis zu 30 Kilogramm CO2. Um diese Menge auszugleichen muss mit dem E-Scooter eine Strecke von über 200 Kilometern gefahren werden, die sonst mit dem Auto zurückgelegt worden wäre.

Über die generelle Lebensdauer der E-Scooter ist noch nicht viel bekannt, hier könnten sich ebenfalls Probleme hinsichtlich der Nachhaltigkeit auftun. Ein weiteres Problem betrifft vor allem die Leihanbieter von E-Scootern. Die Sharing-Roller müssen regelmäßig eingesammelt werden, damit sie repariert oder der Akku wieder aufgeladen werden kann. Hierfür kommen jedoch meistens konventionelle Autos zum Einsatz, was die Gesamtbilanz des E-Scooters stark verschlechtert. Wer einen eigenen E-Scooter besitzt und diesen zu Hause auflädt, hat dieses Problem natürlich nicht.

Die Zukunft des E-Scooters

E-Scooter sind dafür gedacht, um den sprichwörtlichen „letzten Kilometer" zurückzulegen: Dabei handelt es sich um die Strecke zwischen der eigenen Wohnung und beispielsweise dem nächsten Bahnhof oder der nächsten Bahnstation. Hier soll der elektrisch betriebene Tretroller das Auto ersetzen und so für eine Entlastung von Umwelt und Straßen sorgen. Ob dieser Grundgedanken letztendlich von den Nutzern angenommen wird oder ob der E-Scooter das Zufußgehen und Radfahren ablöst, bleibt abzuwarten.

Hersteller und Scooteranbieter arbeiten zudem an neuen Konzepten, die das Wiederaufladen der Roller einfacher machen. So sind unter anderem austauschbare Akkus geplant, die an Stelle des kompletten Scooters transportiert werden können. Die Forschung beschäftigt sich zudem mit nachhaltigeren Batteriemodellen, deren

Herstellung und Entsorgung umwelt- und ressourcenschonender sein sollen als die der momentan genutzten Akkus.

Quelle: Enera (2020): E-Roller, E-Scooter und Co: Wie nachhaltig sind die neuen Transportmittel. Online unter: https://projekt-enera.de/blog/e-roller-e-scooter-amp-co-wie-nachhaltig-sind-die-neuen-transportmittel/ (abgerufen am 2.3.23)

Arbeitsaufträge:

Lest den Text und macht euch Notizen zu folgenden Fragen. Nutzt dazu auch die Ergebnisse der vorausgegangenen Gruppenarbeit.

a) Welche Gemeinsamkeiten und Unterschiede könnt ihr bzgl. der ökologischen Herausforderungen zwischen einem E-Auto und einem E-Scooter erkennen.

b) Welche ökologischen Vor- und Nachteile können E-Scooter im Sinn einer nachhaltigen Mobilitätswende haben? Erstellt eine Tabelle.

<u>Lösungsbild 2</u>

Nachhaltige Mobilitätswende: Die ökologischen Vor- und Nachteile eines E-Scooters

Vorteile	Nachteile
-Emissionsfreier Betrieb möglich → abhängig vom deutschen Strommix -weniger Energieverbrauch als E-Autos -Entlastung der Straßen möglich durch Reduktion der Anzahl an Autos -weniger Flächenverbrauch als E-Autos -können (wie E-Autos) durch ihre Batterien mit der Energiewende gekoppelt werden -es wird an nachhaltigen Batteriekonzepten gearbeitet	-Herstellung ist (durch den Abbau von Lithium in Ländern des globalen Südens) mit hohem Ressourcenverbrauch und Zerstörung von Natur- und Lebensräumen (u.a. Wasserverknappung) verbunden -Bei Herstellung und Entsorgung der Akkus entstehen CO2-Emissionen -Produktlebensdauer noch nicht bekannt -Reparatur und Wiederaufladung mit Emissionsausstoß verknüpft -noch keine etablierten Recyclingverfahren für Akkus